it's MAI SMOOTHIE

101가지 스무디와 함께하는 일상의 작은 행복

mai kitamura

p.70 활짝 꽃 핀 사과와 딸기 스무디

들·어·가·며

바쁜 업무와 일상으로 불규칙한 생활이 계속되고, 식생활 균형도 무너
진 채 지내던 어느 날이었습니다. 문득 이대로는 안 되겠다는 생각이
들어 그날로 채소와 과일을 손쉽게 섭취할 수 있는 스무디를 만들어
마시기 시작했습니다.

처음에는 초록 일색의 녹즙 같은 스무디여서 매일 마시다 보니 비슷
한 맛에 질리기도 하고, 무엇보다 겉모습이 너무 허전해 보였습니다.
그때부터 스무디를 하나의 요리처럼 만들어보겠다는 결심을 했고, 눈
까지 즐거워지는 나만의 스무디를 만들기 시작했습니다.

이제는 스무디와 함께하는 시간이 일상에 색감을 더하고 생기를 주는
소중한 일과가 되었습니다. 그리고 이런 기분을 여러분과 공유하고
싶다는 바람에서 이 책을 만들었습니다.

바빠서 지치거나 지루해서 힘 빠지는 그런 날, 자신만의 아이디어로
일상에 기운을 불어넣어 보세요. 이 책이 그 작은 힌트가 되었으면 합
니다.

mai kitamura

it's MAI SMOOTHIE!

MAI SMOOTHIE에는 평범한 스무디에는 없는 독특한 매력이 가득합니다!
그 매력은 무엇일까요?

LOVELY!

색색의 층과 마블링, 예쁘고 아기자기한 토핑도 가
지가지. 눈으로 즐기며 기분까지 행복해지는 MAI
SMOOTHIE! 사진으로 남긴 매일의 일기는 마음
을 설레게 합니다.

p.63 무화과와 라즈베리 스무디

EASY!

MAI SMOOTHIE의 기본은 미리 얼려둔 재료를
믹서에 가는 것만으로 간단히 완성하는 레시피. 토
핑도 몇 가지 팁만 알아두면 놀랄 만큼 간단합니
다. 부담 없이 누구나 만들 수 있는 초간단 스무디!

p.72 파인애플과 베이비 키위 그린 스무디

TASTY!

시원하게 꿀꺽꿀꺽 마시는 타입부터 달콤함이 은은하게 감도는 밀키 스무디, 깊은 맛의 디저트 스무디까지. 제철 재료를 듬뿍 넣어 다양하게 만들어보면 나만의 스무디를 찾을 수 있습니다.

p.11 딸기 바나나 셰이크 스무디   p.40 배와 초귤 젤라또 스무디   p.71 서양배&라즈베리&민트 스무디

HEALTHY!

색색의 야채와 과일을 듬뿍 넣어 영양이 풍부합니다. 요즘 주목받는 슈퍼푸드를 적극적으로 활용하여 몸에도 좋고 맛도 좋은 건강 스무디!

p.61 피타야와 파인애플 스무디 보울

CONTENTS

SPRING

레시피에 관해 참고할 점

● 냉동 재료가 없어 일반 재료를 사용할 때는 물 대신 얼음의 비율을 높여서 농도를 조절해주세요.
  토핑 재료는 냉동·냉장 재료 모두 좋습니다.
● 요거트는 무당 제품, 두유는 일반 시판 두유를 사용하였으나 취향에 맞게 바꾸셔도 됩니다.

SUMMER

37
프루트 & 캐럿 스무디

38
차조기 향의 파인애플 사과
스무디

39
수박과 라임 스무디

40
배와 초귤 젤라또 스무디

41
오렌지 & 딸기 & 석류
스무디

42
수박과 딸기 스무디

43
망고와 패션프루트
스무디

44
파인애플 코코 라임
스무디

45
딸기 & 파인애플 & 마키베리
스무디

46
망고와 베리 그래놀라
스무디

47
멜론과 레몬 스무디

48
오렌지 라임 플레이버 워터

49
라즈베리와 딸기 젤리
in 스무디

50
파인애플 진저 스무디

51
토마토 & 베리 & 파인애플
스무디

52
오렌지 & 복숭아 & 알로에
스무디

53
믹스베리와 망고 스무디

54
수박과 멜론 프루트 펀치

55
당근 & 딸기 & 파인애플
스무디

56
사과와 키위 심플 그린
스무디

57
레드 피타야와 사과
스무디

58
복숭아 & 베리 & 라임
스무디

59
복숭아 & 파인애플 & 라임
스무디

60
딸기와 파인애플 패션프루트
스무디

61
피타야와 파인애플
스무디 보울

● 각 레시피에 나와 있는 재료 사진은 이미지 참고용으로, 정확한 사용분량과는 다를 수 있습니다.
● 전체적으로 걸쭉한 스무디를 만드는 레시피이므로 믹서가 헛돌아갈 경우 일단 멈추고 속을 저어준
다음 다시 갈아주세요.

Autumn

63
무화과와 라즈베리
스무디

64
크림치즈와 블루베리
스무디

65
마키베리와 치아시드
스무디

66
배 & 서양배 & 유자
스무디

67
딸기 & 파인애플 & 오렌지
스무디

68
베이비 키위 스무디

69
딸기 & 라즈베리 & 아사이
스무디

70
활짝 꽃 핀 사과와 딸기
스무디

71
서양배 & 라즈베리 & 민트
스무디

72
파인애플과 베이비 키위
그린 스무디

73
무화과와 밀크
심플 스무디

74
단호박 할로윈 스무디

75
고구마와 밤 스무디

76
파파야 & 귤 & 딸기 스무디

77
감과 사과 스무디

78
감과 당근 스무디

79
아보카도와 사과
스무디

80
아사이와 베리 그래놀라
스무디

81
라즈베리와 요거트
스무디

82
감 & 사과 & 레몬
스무디

83
나가노 퍼플 스무디

84
라 프랑스와 딸기
스무디

85
파프리카와 크랜베리
스무디

86
라 프랑스와 자몽
스무디

87
베리 & 당근 & 바나나
스무디

이 책의 사용법
● 재료와 만드는 방법에 표기된 '1작은술'은 5ml, '1큰술'은 15ml입니다.
● 과일과 채소는 따로 표시되지 않은 경우 씻고 껍질을 벗기는 등 손질 작업을 마친 후 사용해주세요.
● 믹서와 전자레인지 등의 전자기기를 사용할 때는 해당 기종의 사용설명서에 따라 이용해주세요.
● 얼음이 포함된 레시피를 만들 경우, 얼음 사용이 가능한 믹서를 이용해주세요.
● 재료를 믹서에 가는 시간은 기종별로 차이가 있으며 별도의 표기가 없는 경우 사용 기종의 설명서에 따라
  스무디가 부드러워질 때까지 갈아주시면 됩니다.

WINTER

89
눈의 여왕 스무디

90
로즈 애플 심플 스무디

91
화이트 초콜릿과 코코넛 베리
스무디

92
레드 프루트 스무디

93
블루베리 & 사과 & 서양배
스무디

94
크랜베리와 사과
스무디

95
초코 바나나 스무디

96
양송이와 잎새버섯
핫 스무디

97
베리 & 사과 크리스마스
그린 스무디

98
망고 & 바나나 & 베리
스무디

99
베리와 서양배
2색 스무디

100
서양배와 바나나 쇼트케이크
스무디

101
딸기와 바나나
핫 스무디

102
금귤 & 감 & 사과
스무디

103
유자 밀크 스무디

104
자색 양배추 핫 스무디

105
캐러멜 커피 스무디

106
유자와 감귤 스무디

107
스튜벤과 레드 피타야 요거트
스무디

108
파인애플 & 귤 & 블루베리
스무디

109
스타프루트 & 딸기 & 사과
스무디

110
사과와 캐러멜 스무디

111
금귤과 라임 핫 드링크

112
발렌타인 스무디

113
심플 크리미 그린 스무디

SPRING

봄은 색채의 계절.

새로운 예감에 가슴이 뛰는 이 계절에는

과일의 달콤함을 살린 부드러운 맛과

눈부신 색채가 마음을 녹이는

밀키 컬러 스무디를

만들어 보자!

딸기 바나나 셰이크 스무디

INGREDIENTS

딸기(냉동) ··· 50g
바나나(냉동) ··· 30g
우유 ··· 100ml
얼음 ··· 100g
연유 ··· 1큰술

■ 토핑
휘핑크림, 딸기 ··· 적당량

HOW TO

토핑용 딸기를 얇게 슬라이스 하여 컵 안쪽에 붙인다. 스무디 재료는 한꺼번에 믹서에 갈아서 컵에 따르고 휘핑크림을 얹는다.

연분홍빛 스무디에 딸기를 꽃처럼 장식한 그야말로 봄의 스무디. 연유의 달콤함이 입안에 부드럽게 퍼진다.

파인애플과 라즈베리 스무디

INGREDIENTS

■ 위층
파인애플(냉동) … 50g
얼음 … 50g
바나나(냉동) … 30g
요거트 … 30g

■ 중간층
요거트 … 적당량

■ 아래층
라즈베리 … 30g
바나나(냉동) … 30g
파인애플(냉동) … 30g
얼음 … 30g

■ 토핑
파인애플, 민트 잎 … 적당량

HOW TO

층별 재료를 각각 믹서에 넣고 간다. 아래,
중간, 위층 순서로 컵에 따르고 토핑을 올
린다.

새콤달콤한 파인애플 스무디. 바나나가 들어
가면 만족감이 한층 높아진다.

딸기&사과&당근 스무디

INGREDIENTS

딸기 … 70g
사과(냉동) … 100g
당근 … 30g
물 … 100ml
꿀 … 적당량

■ 토핑
딸기 … 적당량

HOW TO

토핑용 딸기는 얇게 슬라이스 한 후 칼로 하트 모양을 만들어 컵 안쪽에 붙인다. 스무디 재료는 모두 믹서에 갈아 컵에 따른다.

상큼함과 달콤함이 한 잔에 있는 딸기 사과 스무디. 당근 맛은 거의 느껴지지 않아서 어린이 간식으로도 좋다.

토마토와 베리 스무디

INGREDIENTS

■ 분홍색 층
토마토 … 50g
사과(냉동) … 50g
딸기(냉동) … 30g
라즈베리(냉동) … 30g
물 … 50ml
얼음 … 100g
꿀 … 적당량

■ 흰색 층
요거트 … 적당량

■ 토핑
라즈베리 … 적당량

HOW TO

분홍색 층의 재료는 믹서에 갈고 흰색, 분홍색 층 순서로 컵에 따른다. 가볍게 저어 마블링 모양을 만들고 나서 토핑을 올린다.

토마토 맛이 강하지 않고 플레인 요거트로 상큼함이 더해져서 토마토를 꺼리는 사람에게도 권할 만하다. 중간 크기의 토마토를 사용했다.

딸기와 라즈베리 파르페 스무디

INGREDIENTS

딸기(냉동) ⋯ 30g
라즈베리(냉동) ⋯ 30g
바나나(냉동) ⋯ 70g
꿀 ⋯ 적당량
얼음 ⋯ 50g
우유 ⋯ 50ml

■ 토핑
라즈베리, 딸기, 민트 잎,
요거트, 그래놀라* ⋯ 적당량

HOW TO

스무디 재료를 믹서에 갈아서 컵에 따른
다. 토핑용 라즈베리는 반으로 잘라 파도
모양이 되도록 컵 안쪽에 붙이고 맨 위에
나머지 토핑을 올린다.

그 모습마저 사랑스러운 디저트 스무디. 취향
에 맞춰 토핑을 바꾸거나 소스를 뿌려도 맛있
게 즐길 수 있다.

*다양한 곡물, 견과류, 말린 과일 등을
혼합하여 만든 아침식사용 요리.

블루베리&바나나&석류 스무디

INGREDIENTS

■ 위층
블루베리(냉동) … 50g
바나나 … 100g
코코넛 밀크 … 50ml
우유 … 50ml
요거트 … 2큰술
얼음 … 50g
초귤즙 … 약간

■ 아래층
요거트, 석류 … 적당량

■ 토핑
석류 … 적당량

HOW TO

위층의 재료를 믹서에 간다. 석류, 요거트 순으로 컵에 넣고 그 위에 갈아낸 스무디를 따른 후 토핑을 올린다.

은은한 코코넛 향이 풍기는 달달한 스무디. 석류는 근처 마트나 코스트코 등에서 주로 구입한다.

당근 풍미의 라즈베리 파인 스무디

INGREDIENTS

당근 … 20g
라즈베리(냉동) … 30g
파인애플(냉동) … 50g
바나나 … 50g
요거트 … 50g
얼음 … 50g
물 … 50ml
꿀 … 적당량

■ 토핑
레드커런트, 바나나 … 적당량

HOW TO

1 토핑용 바나나를 슬라이스 하여 둥글게 늘어놓은 후 모양틀로 하트를 찍어낸다. 그 모양대로 컵 안쪽에 붙인다.
2 스무디 재료를 믹서에 갈고 컵에 따른 후 레드커런트를 올린다.

모양틀을 이용한 데커레이션으로 평범한 스무디에 조금 힘을 주었다. 틀로 찍어내고 남은 바나나는 재료와 함께 갈아버리자. 토핑으로 라즈베리를 올려도 좋다.

핑크 베리 스무디

INGREDIENTS

■ 위층
딸기(냉동) … 20g
두유 … 70ml

■ 중간층
요거트 … 100g

■ 아래층
라즈베리 … 30g
바나나 … 70g
꿀 … 적당량
얼음 … 30g

■ 토핑
꿀, 라즈베리 플레이크 … 적당량

HOW TO

유리컵 가장자리에 꿀을 바르고 라즈베리
플레이크를 붙인다. 위아래층의 재료를 각
각 믹서에 갈고 아래부터 순서대로 따른다.

제과용 플레이크로 컵을 꾸며보았다. 밀키한
위층과 과일 향 가득한 아래층을 섞어 마셔도
맛있다.

키위 밀크 스무디

INGREDIENTS

키위 … 100g
우유 … 100ml
요거트 … 2큰술
얼음 … 50g
꿀 … 적당량

■ 토핑
레몬, 키위 … 적당량

HOW TO

토핑용 키위를 세로로 슬라이스 하여 컵 안쪽에 붙이고 스무디 재료를 믹서로 갈아 컵에 따른다. 레몬 토핑으로 마무리한다.

과일과 우유의 조합은 색도 맛도 부드럽게 해 준다. 마음의 안정이 필요할 때 절묘한 한 잔.

망고&파프리카&패션프루트 스무디

INGREDIENTS

■ 오렌지색 층
망고(냉동) … 70g
파프리카(냉동) … 20g
요거트 … 40g
얼음 … 100g

■ 분홍색 층
딸기(냉동) … 30g
요거트 … 30g
얼음 … 30g
석류 주스 … 20ml

■ 토핑
망고, 패션프루트(백향과) … 적당량

HOW TO

1 스무디 재료를 층별로 믹서에 갈고 분홍색,
오렌지색의 순서로 컵에 따른다. 마블링 모양
이 되도록 가볍게 젓는다.
2 토핑을 얹는다.

당근과 사과 리본 스무디

INGREDIENTS

당근 … 30g
사과(냉동) … 50g
바나나 … 50g
요거트 … 50g
우유 … 50ml
얼음 … 70g
초귤즙 … 약간

■ 토핑
당근과 사과 간 것 … 1컵 정도
초귤즙 … 약간

HOW TO

스무디 재료를 믹서에 갈아 컵에 따른다.
토핑 재료는 강판에 갈아 즙을 짜내고 리
본 모양을 만들어가며 위에 올린다.

스무디가 묽어져서 냉동실에 잠깐 얼렸다. 리
본 만들기의 포인트는 수분량에 있으므로 예
쁜 형태가 나오게 하려면 수분량을 잘 조절해
야 한다.

딸기&블랙베리&코코넛 스무디

INGREDIENTS

■ 위층
요거트 … 적당량

■ 아래층
딸기(냉동) … 70g
얼음 … 50g
바나나 … 100g
코코넛 밀크 … 50ml

■ 토핑
블랙베리, 코코넛 플레이크 … 적당량

HOW TO

아래층의 재료를 믹서에 갈아서 컵에 따른다. 요거트를 담고 토핑을 올린다.

분홍색 스무디에 보라색의 블랙베리를 더해 색감을 대비시켜보았다. 토핑을 바꿔가며 색깔놀이를 즐겨보자.

키위와 파인애플 스무디

INGREDIENTS

- **위층**
파인애플(냉동) … 50g
요거트 … 50g
얼음 … 50g
- **아래층**
키위 … 50g
바나나(냉동) … 50g
얼음 … 50g
- **토핑**
바나나, 키위 … 적당량

HOW TO

토핑용 바나나를 슬라이스 하여 컵 안쪽에 붙인다. 스무디 재료는 층별로 믹서에 갈아서 순서대로 따른다. 키위로 장식을 마무리한다.

부드러운 색 조합이 완성되었다. 새콤달콤한 요거트 맛 스무디.

망고와 바나나 스무디

INGREDIENTS

망고(냉동) … 60g
바나나 … 50g
얼음 … 100g
두유 … 50ml

■ 토핑
바나나, 망고,
코코넛 플레이크 … 적당량

HOW TO

토핑용 바나나를 슬라이스 하여 컵 안쪽에 붙인다. 스무디의 재료를 한꺼번에 믹서에 갈아 컵에 따르고 망고와 코코넛 플레이크를 올린다.

재료는 단순해도 담는 방법을 고민하면 스무디가 한층 풍부해진다. 코코넛 플레이크가 없다면 파우더로 대체해도 좋다.

딸기와 망고 스무디

INGREDIENTS

딸기(냉동) … 100g
바나나(냉동) … 50g
망고(냉동) … 30g
물 … 100ml
얼음 … 50g

■ 토핑
딸기, 망고 … 적당량

HOW TO

토핑용 딸기를 슬라이스 하여 컵 안쪽에
붙인다. 스무디 재료는 한꺼번에 믹서에 갈
아 컵에 따르고 망고를 얹는다.

연분홍빛이 멋진 스무디. 망고와 딸기로 비타
민과 카로틴을 듬뿍 섭취하자!

레드 피타야와 딸기 스무디

INGREDIENTS

■ 위층
바나나(냉동) … 50g
딸기(냉동) … 50g
두유 … 50ml

■ 아래층
레드 피타야*(냉동) … 20g
아보카도(냉동) … 30g
사과 … 50g
두유 … 50ml
꿀 … 적당량

■ 토핑
코코넛 플레이크, 딸기 … 적당량

HOW TO

토핑용 딸기를 얇게 슬라이스 하여 컵 안쪽에 붙인다. 스무디 재료는 층별로 믹서에 갈고 컵을 경사지게 기울여 아래층부터 순서대로 따른다.

대각선으로 이등분된 스무디. 다소 난이도가 있지만 완성하고 나면 기분이 정말 좋아진다!

* 용과(Dragon fruit)라고도 부른다. 인체에 유익한 미네랄 성분과 항산화 물질을 풍부하게 함유하고 있다.

베리&요거트&너츠 스무디

INGREDIENTS

믹스베리(냉동) … 150g
요거트 … 150g

■ 토핑
그래놀라, 캐슈너트 크림,
라즈베리 … 적당량

HOW TO

스무디 재료를 믹서에 갈아 컵에
따르고 토핑을 올린다.

※ 캐슈너트 크림 만들기
물 50ml에 캐슈너트 50g을 담그고 하룻
밤 동안 불린 후 믹서에 간다. 아가베 시럽
을 적당히 더하여 단맛을 낸다.

요거트와 베리의 상큼한 조화에 캐슈너트 크
림으로 깊은 맛을 더했다. 캐슈너트 크림 대신
연유를 올려도 좋다. 마신다기보다 떠먹는 느
낌이 어울릴 정도로 든든한 스무디.

딸기 요거트 스무디

INGREDIENTS

■ 분홍색 층
딸기(냉동) … 50g
바나나(냉동) … 100g
두유 … 50ml
얼음 … 50g
메이플 시럽 … 적당량

■ 흰색 층
요거트, 메이플 시럽 … 적당량

■ 토핑
코코넛 파우더, 라즈베리
플레이크 … 적당량

HOW TO

1 분홍색 층의 재료는 믹서에 갈고 흰색 층의 재료는 골고루 섞는다.
2 유리컵의 1/3까지 흰색 층을 만들고 그 위에 분홍색 층을 올린다. 숟가락으로 컵 안쪽을 따라 분홍색 층을 아래로 끌어내리듯 하여 파도 모양을 만든다. 맨 위에 흰색 층을 조금 올리고 토핑을 얹는다.

요거트로 마무리한 상쾌한 스무디. 딸기 대신 다른 과일로 바꾸면 여러 가지 색으로 즐겨볼 수 있다.

키위와 패션프루트 스무디

INGREDIENTS

■ 초록색 층
키위 … 50g
바나나 … 100g
두유 … 50ml
얼음 … 50g

■ 흰색 층
요거트, 꿀 … 적당량

■ 토핑
키위, 바나나, 패션프루트 … 적당량

HOW TO

1 토핑용 키위를 얇게 슬라이스 하여 컵 안쪽에 붙인다.
2 초록색 층의 재료를 믹서에 갈고, 흰색 층 재료는 잘 섞어둔다. 흰색, 초록색, 흰색 순으로 컵에 따르고 바나나와 패션프루트를 얹는다.

뽀득뽀득한 식감에 중독되는 패션프루트가 포인트!

라즈베리와 블랙베리 스무디

INGREDIENTS

■ 위층
라즈베리(냉동) … 20g
두유 … 70ml

■ 중간층
라즈베리(냉동) … 30g
바나나 … 30g
얼음 … 40g

■ 아래층
블랙베리(냉동) … 30g
바나나 … 30g
얼음 … 40g
꿀 … 적당량

HOW TO

재료를 층별로 믹서에 갈아서 아래부터 순서대로 천천히 컵에 따른다.

위로 갈수록 단맛이 적어지므로 빨대를 위아래로 움직여 각각의 층을 조금씩 즐겨보는 것도 좋다.

딸기와 파인애플 그라데이션 스무디

INGREDIENTS

■ 위층
파인애플(냉동) … 100g
얼음 … 100g
요거트 … 30g

■ 아래층
딸기 … 50g
메이플 시럽 또는 꿀 … 1큰술

■ 토핑
딸기 … 적당량

HOW TO

토핑용 딸기를 얇게 슬라이스 하여 컵 안쪽에 붙인다. 스무디 재료는 층별로 믹서에 갈아서 순서대로 따른다. 빨대로 빙글빙글 저으면 그라데이션을 연출할 수 있다.

노랑에서 빨강으로 이어지는 그라데이션이 예쁜 스무디. 딸기를 갈 때 내용물이 뻑뻑해서 날이 헛돌면 물을 약간 넣어준다.

검은깨와 콩가루 그린 스무디

INGREDIENTS

바나나 … 150g
시금치 … 40g
두유 … 100ml
얼음 … 100g

■ 토핑
검은깨, 콩가루 … 각 2작은술

HOW TO

스무디 재료를 한꺼번에 믹서에 갈고 토핑을 올린다.

검은깨와 콩가루 덕분에 시금치의 풋내가 전혀 느껴지지 않는다. 건강 스무디로 완성해보았다.

딸기와 키위 밀크 스무디

INGREDIENTS

딸기(냉동) … 100g
키위 … 50g
우유 … 100ml
꿀 … 적당량

■ 토핑
딸기, 요거트 … 적당량

HOW TO

토핑용 딸기는 얇게 슬라이스 하여 컵 안쪽에 붙인다. 스무디 재료를 모두 믹서에 갈아 컵에 따르고 토핑을 올린다.

딸기와 키위는 최고의 궁합! 골드 키위를 사용하면 깨끗하고 예쁜 색이 나온다.

딸기&배&키위 스무디

INGREDIENTS

딸기(냉동) … 50g
배(냉동) … 100g
키위 … 30g
요거트 … 2큰술
물 … 150ml
꿀 … 적당량

■ 토핑
딸기, 키위 … 적당량

HOW TO

토핑용 딸기와 키위는 얇게 슬라이스 하여 컵 안쪽에 붙이고 스무디 재료를 갈아서 컵에 따른다.

딸기와 키위의 산미를 배가 완화해주어 부드럽고 달콤한 스무디가 되었다. 배 대신 사과를 넣어도 좋다.

헬시 초코 바나나 베리 스무디

INGREDIENTS

■ 위층
라즈베리 … 30g
딸기(냉동) … 30g
두유 … 50ml

■ 아래층
카카오닙* … 2작은술
바나나 … 100g
두유 … 30ml
얼음 … 30g

■ 토핑
바나나, 라즈베리 … 적당량

HOW TO

토핑용 바나나를 얇게 슬라이스 하여 컵 안쪽에 붙이고 스무디 재료는 층별로 갈아서 순서대로 컵에 따른다. 위에 라즈베리 토핑을 올린다.

아래층의 달콤함과 위층의 새콤함이 어우러지면 너무 달지 않은 적당한 맛이 완성된다. 초콜릿의 원료인 카카오닙은 폴리페놀이 듬뿍 함유된 슈퍼푸드이다. 인터넷 쇼핑몰을 통해 구입했다.

* 카카오 씨의 껍질. 곱게 분쇄해서 카카오 대용으로 쓰이기도 함.

SUMMER

여름 채소와 과일에서는
어딘지 모르게 태양의 맛이 난다.
수박, 망고, 라임 그리고 파인애플.
얼음을 듬뿍 넣고 시원하게 갈아서 마셔보자.
재료의 맛을 살린 심플한 스무디가
달아오른 몸 전체에 쫙 퍼지면
더할 나위 없이 사치스러운 행복이 찾아온다.

프루트&캐럿 스무디

INGREDIENTS

■ 위층
당근 … 50g
자두 … 50g
얼음 … 50g

■ 아래층
복숭아 … 50g
파인애플(냉동) … 50g
얼음 … 50g

■ 토핑
파인애플 … 적당량

HOW TO

스무디 재료를 층별로 갈아서 순서대로 컵에 따르고 토핑을 올린다.

눈으로 보기만 해도 활력이 느껴지는 파워풀한 색감! 카로틴이 풍부한 당근으로 지친 몸을 깨워보자.

차조기 향의 파인애플 사과 스무디

INGREDIENTS

파인애플(냉동) … 100g
사과(냉동) … 50g
차조기 잎 … 3장
물 … 150ml

■ 토핑
파인애플, 차조기 잎 … 적당량

HOW TO

스무디 재료를 믹서에 갈고 컵에 따른 후 토핑을 얹는다.

상쾌한 향만으로도 기분까지 시원해지는 스무디. 파인애플과 사과, 차조기 잎은 궁합이 잘 맞는다. 차조기 잎은 감귤류와도 잘 어울린다.

수박과 라임 스무디

INGREDIENTS

수박 ⋯ 250g
라임 ⋯ 1/6개 정도
얼음 ⋯ 50g
꿀 ⋯ 적당량

■ 토핑
라임 ⋯ 적당량

HOW TO

스무디의 재료를 믹서에 갈고 컵에 다른 후 토핑을 장식한다.

주스처럼 술술 넘어가는 가벼운 느낌의 스무디. 수박을 얼려서 쓰는 것도 좋다. 쭉 들이켜 순식간에 다 마셔버렸다.

배와 초귤 젤라또 스무디

INGREDIENTS
배 ⋯ 200g
요거트 ⋯ 30g
꿀 ⋯ 1큰술
초귤즙 ⋯ 1/2개분
■ 토핑
초귤, 배 ⋯ 적당량

HOW TO
믹서에 간 스무디 재료를 지퍼백에 담아 냉동실에서 살짝 얼린다. 1시간 후 꺼내어 가볍게 주무르고 냉동실에 1시간 더 넣어 둔다. 셔벗 상태가 되었을 때 컵에 담고 토 핑을 올린다.

식후의 휴식 시간에 어울리는 젤라또 스무디. 초귤 대신 레몬이나 라임을 넣어도 좋다.

오렌지&딸기&석류 스무디

INGREDIENTS

■ 위층
요거트 … 적당량

■ 아래층
오렌지 … 100g
딸기(냉동) … 50g
요거트 … 50g
얼음 … 50g

■ 토핑
오렌지, 석류 … 적당량

HOW TO

토핑용 오렌지는 얇게 슬라이스 하여 컵 안쪽에 붙이고 아래층의 재료를 믹서에 갈아 컵에 따른다. 그 위에 요거트를 올리고 석류로 토핑한다.

단맛을 많이 줄인 건강 스무디. 석류의 식감이 의외로 포만감을 준다. 단맛을 좋아한다면 꿀이나 아가베 시럽을 입맛에 맞춰 넣어준다.

수박과 딸기 스무디

INGREDIENTS

■ 위층
수박 … 150g
딸기 … 50g
얼음 … 50g

■ 아래층
요거트 … 적당량

■ 토핑
수박, 딸기 … 적당량

HOW TO

1 토핑용 딸기는 얇게 슬라이스 하여 컵 안쪽에 붙이고 딸기 높이만큼 요거트를 담는다.
2 위층 재료를 믹서에 갈아 컵에 따르고 수박으로 장식한다.

수박의 가벼운 단맛에 요거트의 산미가 어우러져 은근한 맛의 스무디가 완성되었다. 더 단맛을 원한다면 꿀을 넣어도 좋다.

망고와 패션프루트 스무디

INGREDIENTS

망고(냉동) … 100g
바나나 … 50g
두유 … 50ml
얼음 … 50g
패션프루트 … 1/2개
구기자 열매 … 1작은술
■ 토핑
망고, 패션프루트 … 적당량

HOW TO

패션프루트 외의 재료를 믹서에 간 후 패션프루트를 섞어서 컵에 따르고 토핑을 올린다.

패션프루트의 식감을 즐길 수 있는 남국풍 스무디. 패션프루트는 식감을 살리기 위해 일부러 갈지 않았다. 인터넷 쇼핑몰에서 구입했다.

파인애플 코코 라임 스무디

INGREDIENTS

파인애플(냉동) … 100g
코코넛 워터 … 150ml
라임 … 10g

■ 토핑
라임, 코코넛 플레이크,
파인애플 … 적당량

HOW TO

토핑용 라임은 얇게 슬라이스 하여 컵 안
쪽에 붙인다. 스무디 재료를 믹서에 갈아
컵에 따르고 코코넛 플레이크와 파인애플
을 올린다.

라임의 상큼한 향이 마음을 편안하게 해준다.
파인애플 대신 다른 과일과 매치해서 색다른
스무디를 만들어보는 것도 좋다.

딸기&파인애플&마키베리 스무디

INGREDIENTS

- **분홍색 층**
딸기(냉동) … 50g
바나나 … 30g
두유 … 50ml

- **보라색 층**
요거트, 마키베리 파우더 … 적당량

- **노란색 층**
파인애플(냉동) … 50g
바나나 … 50g
두유 … 30ml

HOW TO

보라색 층의 재료는 잘 저어 섞고 나머지 재료는 층별로 믹서에 간다. 노랑, 보라, 분홍의 순으로 천천히 컵에 따른다.

귀여운 파스텔 컬러의 스무디. 마키베리는 폴리페놀이 풍부한 슈퍼프루트의 일종으로 색도 고와서 눈을 즐겁게 해준다.

45

망고와 베리 그래놀라 스무디

INGREDIENTS

- **오렌지색 층**
  망고(냉동) … 30g
  바나나(냉동) … 30g

- **분홍색 층**
  딸기(냉동) … 30g
  바나나(냉동) … 30g

- **토핑**
  그래놀라, 요거트, 망고,
  바나나 … 적당량

HOW TO

스무디 재료를 층별로 믹서에 간다. 컵에 그래놀라, 요거트, 두 가지 색의 스무디를 번갈아 담은 후 망고와 바나나를 얹는다.

스무디를 프루트 소스처럼 그래놀라에 얹어서 떠먹는 스무디가 완성되었다.

멜론과 레몬 스무디

INGREDIENTS

멜론 … 150g
레몬 … 10g
코코넛 워터 … 50ml
얼음 … 50g

■ 토핑
레몬 … 적당량

HOW TO

토핑용 레몬은 얇게 슬라이스 하여 컵 안쪽에 붙인다. 스무디 재료를 믹서에 갈고 컵에 따른 후 레몬으로 장식한다.

코코넛 워터가 없어도 OK. 단맛을 좋아하는 사람은 꿀을 넣어보자. 멜론을 얼려서 사용하면 한층 스무디다운 식감이 완성된다.

오렌지 라임 플레이버 워터

INGREDIENTS

오렌지 … 적당량
라임 … 적당량
레몬 … 적당량
오렌지주스(100%) … 100ml
탄산수 … 200ml

HOW TO

오렌지, 라임, 레몬을 슬라이스 하여 컵에
넣고 오렌지 주스와 탄산수를 1:2 비율로
따르고 가볍게 젓는다. 취향대로 얼음을
넣고 라임, 레몬으로 장식한다.

무더운 날에는 플레이버 워터로 시원하게! 탄
산수와 오렌지 주스의 비율로 단맛을 조절할
수 있다.

라즈베리와 딸기 젤리 in 스무디

INGREDIENTS

■ 위층
라즈베리 … 30g
딸기 … 50g
얼음 … 100g
연유 … 적당량

■ 아래층(만들기 쉬운 분량)
라즈베리, 딸기 … 적당량
젤라틴 파우더 … 5g
설탕 … 30g
뜨거운 물 … 200~300ml

■ 토핑
라즈베리 … 적당량

HOW TO

1 뜨거운 물에 설탕과 젤라틴 파우더를 넣어 녹인 후 식힌다. 컵 바닥에 딸기와 라즈베리를 넣고 젤라틴 액을 100ml 정도 따른 후 냉장고에 넣어서 굳힌다.
2 위층의 재료를 믹서에 갈고 컵에 따른 후 토핑을 얹는다.

젤리를 만들 때 취향대로 과일을 바꿔보자. 단백질을 분해하는 효소가 함유된 파인애플과 키위로는 젤리가 굳지 않으므로 시럽에 절인 것을 사용해야 한다.

파인애플 진저 스무디

INGREDIENTS

파인애플(냉동) ··· 100g
망고(냉동) ··· 50g
바나나 ··· 50g
생강 ··· 5g
레몬 ··· 15g
얼음 ··· 100g

■ 토핑
바나나, 레몬 ··· 적당량

HOW TO

토핑용 바나나를 얇게 슬라이스 하여 컵
안쪽에 붙인다. 스무디 재료를 믹서에 갈
고 컵에 따른 후 레몬으로 장식한다.

기분 좋게 맑은 오늘은 쨍할 정도로 시원한 서
벗풍 스무디! 진저에일 같은 매운 단맛이 성인
용으로 인기 만점이다.

토마토&베리&파인애플 스무디

INGREDIENTS

■ 빨간색 층
미니토마토 … 50g
딸기(냉동) … 50g

■ 노란색 층
파인애플(냉동) … 100g
바나나 … 50g
얼음 … 50g

HOW TO

스무디 재료는 층별로 믹서에 갈아서 노란
색, 빨간색 순으로 컵에 따른다.

여름에 딱 어울리는 심플 스무디. 딸기향이 토
마토 특유의 향을 숨겨준다.

오렌지 & 복숭아 & 알로에 스무디

INGREDIENTS

오렌지 … 50g
복숭아 … 100g
얼음 … 100g

■ 토핑
오렌지, 알로에(시럽에 절인 것)
… 적당량

HOW TO

토핑용 오렌지를 얇게 슬라이스 하여 컵 안쪽에 붙이고 스무디 재료는 믹서에 갈아서 컵에 따른다. 알로에를 토핑으로 올린다.

마트에서 파는 시럽에 절인 알로에를 사용하였다. 단맛이 강하긴 하지만 얼음과 섞이면 의외로 맛이 깔끔하다.

믹스베리와 망고 스무디

INGREDIENTS

■ 노란색 층
망고(냉동) … 50g
요거트 … 50g
얼음 … 50g

■ 보라색 층
믹스베리(냉동) … 50g
바나나 … 50g
얼음 … 50g

■ 토핑
믹스베리 … 적당량

HOW TO

스무디 재료는 층별로 믹서에 갈아 미리 준비해둔다. 컵을 기울인 상태에서 보라색 층부터 천천히 따르고 노란색 층을 따른다. 토핑을 올려 마무리한다.

재료는 단순하지만 컵에 담는 방법을 바꾸는 것만으로 전혀 다른 스무디가 완성된다. 컵을 기울인 채 따르는 것이 포인트로, 미리 각 층의 재료를 다 갈아놓고 이어서 바로 따르는 것이 좋다.

수박과 멜론 프루트 펀치

INGREDIENTS

수박 … 적당량
멜론 … 적당량
물 … 150ml
꿀 … 적당량
얼음 … 약간
슬라이스 레몬 … 1매

HOW TO

슬라이스 레몬은 컵 안쪽에 붙이고 물과
꿀을 섞어서 컵에 따른다. 수박과 멜론을
주사위 모양으로 썰어서 2~3개만 남겨두
고 얼음과 함께 컵에 담는다. 남겨둔 과일
은 꼬치에 꽂아서 장식한다.

물 대신 탄산수를 사용해도 OK. 뜨거운 여름,
쿨 다운이 필요할 때 제격인 음료. 2종류의 멜
론으로 컬러풀하게 연출했다.

54

당근&딸기&파인애플 스무디

INGREDIENTS

■ 위층
파인애플(냉동) … 50g
얼음 … 30g
요거트 … 1큰술

■ 중간층
당근 … 30g
망고(냉동) … 30g
얼음 … 30g
요거트 … 1큰술

■ 아래층
딸기(냉동) … 70g
요거트 … 30g

HOW TO

스무디 재료를 층별로 믹서에 갈아서 아래
층부터 순서대로 컵에 따른다.

과일이 듬뿍 들어간 스무디로 당근 맛이 크게
느껴지지 않는다. 얼음 양으로 농도를 조절하
여 걸쭉하게 만들면 층별로 섞이지 않아서 색
이 예쁘다.

사과와 키위 심플 그린 스무디

INGREDIENTS

사과 … 150g
키위 … 30g
시금치 … 20~40g
얼음 … 100g
라임즙 … 약간

■ 토핑
키위, 라임, 사과 … 적당량

HOW TO

토핑용 키위는 얇게 슬라이스 하여 컵 안쪽에 붙인다. 스무디 재료를 한꺼번에 믹서에 갈아서 컵에 따르고 라임과 사과로 장식한다.

운동 후 시원한 한 잔이 생각날 때 어울리는 스무디. 차가운 얼음이 열을 식혀주어 무더운 여름에 맛있게 마실 수 있는 건강 스무디. 시금치 양은 취향대로 조절하자.

레드 피타야와 사과 스무디

INGREDIENTS

레드 피타야(냉동) … 30g
사과(냉동) … 70g
딸기(냉동) … 30g
바나나(냉동) … 30g
물 … 150ml

■ 토핑
딸기 … 적당량

HOW TO

토핑용 딸기는 얇게 슬라이스 하여 컵 안쪽에 붙이고 스무디 재료는 한꺼번에 갈아서 컵에 따른다. 토핑으로 딸기를 올린다.

피타야 자체는 맛과 향이 연해서 여러 가지 과일과 궁합이 좋다. 색감도 예뻐서 활력을 가져다주는 스무디.

복숭아&베리&라임 스무디

INGREDIENTS
복숭아 … 150g
믹스베리(냉동) … 30g
얼음 … 100g

■ 토핑
라임, 코코넛 플레이크,
믹스베리 … 적당량

HOW TO
라임은 얇게 슬라이스 하여 컵에 담는다.
스무디 재료를 믹서에 갈아 컵에 따르고
코코넛 플레이크와 믹스베리를 올려 완성
한다.

빨대로 라임을 으깨가면서 마시면 라임 향을
만끽할 수 있다. 더운 여름에 생각나는 상쾌한
스무디.

복숭아&파인애플&라임 스무디

INGREDIENTS

복숭아 ⋯ 100g
파인애플(냉동) ⋯ 50g
라임 ⋯ 1/6개
얼음 ⋯ 50g
물 ⋯ 50ml
코코넛 밀크 ⋯ 30ml

■ 토핑
라임, 코코넛 플레이크,
파인애플 ⋯ 적당량

HOW TO

스무디 재료를 믹서에 갈고 컵에 따른다. 코코넛 플레이크와 파인애플을 올리고 라임으로 장식한다.

달콤한 피나콜라다 스타일의 스무디. 술을 못 마시는 사람도 칵테일 기분을 즐길 수 있다.

딸기와 파인애플 패션프루트 스무디

INGREDIENTS

■ 위층
딸기(냉동) … 50g
얼음 … 30g
코코넛 워터 … 50ml

■ 아래층
파인애플(냉동) … 50g
얼음 … 50g

■ 토핑
딸기, 파인애플,
패션프루트 … 적당량

HOW TO

토핑용 딸기를 얇게 슬라이스 하여 컵 안
쪽에 붙인다. 스무디 재료는 층별로 믹서
에 갈아서 순서대로 컵에 따른다. 파인애
플과 패션프루트를 올려 마무리한다.

패션프루트는 강렬한 새콤함 속에 달콤함이
함께 있는 과일이다. 향도 강해서 패션프루트
가 있으면 순식간에 트로피컬 스무디로 변신
한다.

피타야와 파인애플 스무디 보울

INGREDIENTS

■ 아래층
레드 피타야(냉동) … 50g
바나나(냉동) … 100g
파인애플(냉동) … 50g
물 … 50ml

■ 토핑
그래놀라, 파인애플, 요거트 … 적당량

HOW TO

스무디 재료를 믹서에 갈고 컵에 따른 후
토핑을 올린다.

레드 피타야와 파인애플의 만남으로 색이 한
층 강렬해졌다. 항산화 물질인 폴리페놀이 풍
부한 슈퍼프루트 스무디.

AUTUMN

진한 맛이 그리워진다면, 가을이 온 것.
부드러운 식감의 야채와 과일이
계절의 변화를 알려준다.
신기하게도 기온이 내려갈수록
내가 만드는 스무디의 맛은 진해진다.
나에게 가을의 스무디란,
서늘해진 공기에 몸을 움추리며 마시는
달콤한 선물!

무화과와 라즈베리 스무디

INGREDIENTS

■ 위층
요거트 … 적당량

■ 아래층
무화과 … 100g
라즈베리(냉동) … 30g
얼음 … 100g
꿀 … 1큰술

■ 토핑
무화과, 라즈베리 … 적당량

HOW TO

토핑용 무화과는 얇게 슬라이스 하여 컵 안쪽에 붙인다. 아래층의 재료를 한꺼번에 믹서에 갈아 컵에 따른다. 요거트와 라즈베리를 올린다.

스무디를 만들기 시작하고부터 무화과를 즐겨 먹고 있다. 무화과의 뽀득거리는 식감이 너무 좋다.

크림치즈와 블루베리 스무디

INGREDIENTS

블루베리(냉동) … 70g
바나나 … 50g
크림치즈 … 1큰술
요거트 … 2큰술
두유 … 50ml
얼음 … 30g

■ 토핑
휘핑크림, 블루베리,
라즈베리 플레이크, 꿀 … 적당량

HOW TO

컵 둘레에 꿀을 발라서 라즈베리 플레이크를 붙인다. 스무디 재료를 믹서에 갈아 컵에 따르고 휘핑크림과 블루베리를 올린다.

마시는 블루베리 치즈케이크의 새로운 식감. 진한 치즈가 들어가 속도 든든해진다.

마키베리와 치아시드 스무디

INGREDIENTS

바나나(냉동) … 70g
믹스베리(냉동) … 30g
사과(냉동) … 50g
물 … 100ml
요거트 … 1큰술
마키베리 파우더 … 적당량

■ 토핑
치아시드*(물에 30분 정도 불린 것),
믹스베리 … 적당량

HOW TO

스무디 재료를 믹서에 갈고 컵의 1/3까지
따른다. 치아시드를 컵 둘레를 따라 얹고
이 과정을 2번 반복한 후 토핑을 올린다.

요즘 주목받는 치아시드는 식이섬유가 풍부
하고 수분을 많이 함유해 포만감이 오래 가므
로 다이어트에도 도움이 된다. 여기에 마키베
리가 어우러져 슈퍼푸드 스무디가 탄생했다.

* 치아라는 식물의 씨앗. 오메가3를 비롯
해 섬유질, 단백질, 칼슘, 마그네슘 등이
풍부해 남미의 완전식품이라 불린다.

배 & 서양배 & 유자 스무디

INGREDIENTS

배 ⋯ 70g
서양배 ⋯ 70g
얼음 ⋯ 100g
바나나 ⋯ 30g

■ 토핑
유자 ⋯ 적당량

HOW TO

유자는 얇게 슬라이스 하여 컵 안쪽에 붙인다. 스무디 재료를 믹서에 갈아 컵에 따르고 유자 껍질을 토핑으로 올린 후 슬라이스한 유자로 컵을 장식한다.

향기로운 서양배와 싱싱하고 달콤한 배를 조합해보았다. 유자가 다른 과일의 맛을 아우르는 역할을 해서 상쾌함을 더해준다.

딸기&파인애플&오렌지 스무디

INGREDIENTS

■ 위층
파인애플(냉동) … 50g
오렌지(냉동) … 50g
얼음 … 100g
요거트 … 1큰술

■ 아래층
딸기(냉동) … 50g
꿀 … 적당량
물 … 1큰술

■ 토핑
딸기 … 적당량

HOW TO

스무디 재료는 층별로 믹서에 갈아 아래층부터 순서대로 잔에 따르고 빨대로 가볍게 저어서 마블링 모양을 만들어준다. 토핑을 올려 마무리한다.

아래층은 양이 적으므로 핸드 블렌더를 쓰는게 좋다. 냉동 딸기가 조금 부드러워진 후 갈아준다.

베이비 키위 스무디

INGREDIENTS

■ 위층
요거트 … 적당량

■ 아래층
베이비 키위 (껍질째 사용) … 100g
요거트 … 50g
얼음 … 100g

■ 토핑
베이비 키위 … 적당량

HOW TO

토핑용 베이비 키위는 얇게 슬라이스 하여
컵 안쪽에 붙인다. 아래층의 재료를 믹서에
갈아서 컵에 따른 후 요거트를 올린다.

단맛이 적으므로 취향에 따라 꿀을 더해도 좋
다. 베이비 키위는 코스트코에서 구입하였다.
일반 키위에 비해 단맛이 강하고 껍질이 부드
러워 껍질째 먹는다.

딸기&라즈베리&아사이 스무디

INGREDIENTS

■ 위층
딸기(냉동) ⋯ 30g
라즈베리(냉동) ⋯ 30g
바나나 ⋯ 100g
두유 ⋯ 50ml
아사이 파우더 ⋯ 1큰술

■ 아래층
요거트 ⋯ 적당량

■ 토핑
딸기, 라즈베리, 그래놀라 ⋯ 적당량

HOW TO

1 토핑용 딸기는 얇게 슬라이스 하여 컵
안쪽에 붙이고 요거트를 따른다.
2 위층의 재료를 믹서에 갈아 컵에 따르고
그래놀라와 미리 잘라둔 딸기, 라즈베리를
올린다.

슈퍼푸드로 유명한 아사이베리. 파우더 타입
재료는 손질이 필요 없어 손쉽게 스무디에 활
용할 수 있다.

활짝 꽃 핀 사과와 딸기 스무디

INGREDIENTS

딸기(냉동) … 100g
사과 … 70g
얼음 … 100g
요거트 … 30g
꿀 … 적당량

■ 토핑
딸기, 사과(얇게 자른 후 전자레인지에
돌려서 부드럽게 만든다), 민트 잎 …
적당량

HOW TO

1 토핑용 딸기를 얇게 슬라이스 하여 컵
안쪽에 붙인다. 스무디 재료는 믹서에 갈
아서 컵에 따른다.
2 토핑용 사과를 겹쳐 올려 장미꽃잎처럼
연출하고 민트 잎을 함께 장식한다.

딸기 꽃과 사과 꽃이 활짝 핀, 눈이 행복한 스
무디. 토핑용 사과는 레몬즙을 뿌려 전자레인
지에 돌리면 껍질 색이 한층 예쁘다.

서양배&라즈베리&민트 스무디

INGREDIENTS

■ 위층
서양배 … 100g
요거트 … 30g
얼음 … 100g

■ 아래층
라즈베리(냉동) … 50g
꿀 … 1큰술

■ 토핑
민트 잎 … 적당량

HOW TO

스무디 재료는 층별로 믹서에 갈아서 아래 층부터 컵에 따른다. 위층의 재료는 민트 잎을 섞은 후 천천히 컵에 따른다.

서양배 특유의 부드러움과 달콤함에 민트가 더해져 산뜻한 맛이 된다. 빨대로 컵 가장자리를 따라 빙글빙글 저으면 아름다운 그라데이션이 나타나서 스무디를 두 번 즐길 수 있다.

파인애플과 베이비 키위 그린 스무디

INGREDIENTS

■ 위층
파인애플(냉동) … 50g
요거트 … 50g

■ 아래층
베이비 키위(냉동) … 50g
바나나 … 50g
시금치 … 20g
두유 … 50ml
얼음 … 30g

■ 토핑
키위, 파인애플 … 적당량

HOW TO

토핑용 키위를 얇게 슬라이스 하여 컵 안
쪽에 붙인다. 스무디 재료는 층별로 믹서
에 갈아서 아래부터 순서대로 컵에 따르고
파인애플을 올린다.

베이비 키위가 없으면 일반 키위로 대체해도
된다. 이때 단맛이 부족한 듯 느껴지면 취향대
로 꿀을 더한다.

무화과와 밀크 심플 스무디

INGREDIENTS

무화과 … 150g
우유 … 100ml
얼음 … 50g

■ 토핑
무화과 … 적당량

HOW TO

토핑용 무화과를 얇게 슬라이스 하여 컵 안쪽에 붙인다. 스무디 재료는 믹서에 갈아서 컵에 따르고 1/4로 자른 무화과를 컵 가장자리에 꽂아 장식한다.

한 가지 소재의 맛을 충분히 느끼고 싶을 때 찾는 심플 스무디. 이 레시피에 메인 소재만 다른 과일로 바꿔 봐도 좋다.

단호박 할로윈 스무디

INGREDIENTS

■ 위층
단호박(냉동) … 100g
얼음 … 30g
우유 … 70ml

■ 아래층
시리얼 … 적당량

■ 토핑
바나나, 아이스크림, 단호박,
단호박 씨, 시나몬 … 적당량

HOW TO

잘게 부순 시리얼을 컵 아래에 깔고 얇게
슬라이스 한 바나나를 컵 안쪽에 붙인다.
위층의 재료를 한꺼번에 믹서에 갈아 컵에
따르고 토핑을 올린다.

단호박을 미리 얼려두면 스무디 만들기가 한
층 수월하다. 작게 자른 단호박을 내열 용기에
담고 랩을 씌워 전자레인지에 2~3분간 돌려
젓가락이 푹 들어갈 정도로 익으면 냉동실에
2~3시간 넣어두어 얼린다.

고구마와 밤 스무디

INGREDIENTS

고구마(삶거나 전자레인지로 익혀 부드
럽게 만든 후 식혀서 쓴다) … 50g
단밤 … 30g
얼음 … 70g
우유 … 100ml
바닐라 아이스크림 … 30g
■ 토핑
휘핑크림, 고구마(얇게 슬라이스 하여
코코넛 오일에 튀김옷 없이 튀겨낸다),
캐러멜 소스 … 적당량

HOW TO

컵 안쪽 벽에 캐러멜 소스를 바르고 스무
디 재료를 믹서에 갈아 컵에 따른 후 토핑
을 올린다.

가을 느낌 충만한 스무디. 셰이크처럼 달콤하
게 만들어주는 캐러멜 소스가 포인트.

파파야&귤&딸기 스무디

INGREDIENTS

파파야(냉동) … 30g
귤(냉동) … 50g
딸기(냉동) … 30g
바나나(냉동) … 50g
얼음 … 50g
물 … 100ml

■ 토핑
파파야, 딸기 … 적당량

HOW TO

토핑용 딸기는 얇게 슬라이스 하여 컵 안
쪽에 붙이고 스무디 재료는 믹서에 갈아서
컵에 따른다. 파파야를 얹어서 완성한다.

작은 크기의 딸기를 가로로 슬라이스 하여 물
방울무늬로 연출해보았다. 파파야와 바나나
의 부드러운 식감이 매력적인 스무디.

감과 사과 스무디

INGREDIENTS

감 … 100g
사과 … 30g
바나나 … 50g
두유 … 30ml
얼음 … 50g

■ 토핑
바나나, 감 … 적당량

HOW TO

토핑용 바나나는 얇게 슬라이스 하여 컵 안쪽에 붙인다. 스무디 재료를 믹서에 갈아 컵에 따르고 감을 올려 마무리한다.

가을의 대표 과일인 감. 감은 믹서에 갈면 식감이 부드러워져서 스무디에 잘 어울린다.

감과 당근 스무디

INGREDIENTS

- 위층
요거트 … 적당량
- 아래층
감 … 100g
당근 … 50g
얼음 … 100g
요거트 … 1큰술
꿀 … 적당량
- 토핑
감 … 적당량

HOW TO

토핑용 감은 얇게 슬라이스 하여 컵 안쪽에 붙인다. 아래층의 재료를 믹서에 갈아 컵에 따르고 요거트를 올린다.

감과 당근의 선명한 오렌지 빛깔이 예쁜 스무디. 둘의 조합에서는 당근 맛이 강하게 나는 편이므로 취향에 따라 감의 양을 조절한다.

아보카도와 사과 스무디

INGREDIENTS

아보카도 … 50g
사과 … 30g
꿀 … 1큰술
우유 … 100ml
얼음 … 100g

■ 토핑
사과 … 적당량

HOW TO

스무디 재료를 한꺼번에 믹서에 갈아 컵에
따르고 토핑을 올린다.

시원하고도 짙은 맛이 매력적인 디저트 스무
디. 사과의 향과 단맛이 나머지 재료와 어우러
져 산뜻한 끝맛이 남는다.

아사이와 베리 그래놀라 스무디

INGREDIENTS

바나나 … 100g
믹스베리(냉동) … 50g
두유 … 50ml
아사이 파우더 … 1큰술

■ 토핑
라즈베리, 그래놀라, 호두,
메이플 시럽 … 적당량

HOW TO

1 스무디 재료를 믹서에 갈아 반 정도만
컵에 따른다. 라즈베리를 반으로 잘라 컵
안쪽에 붙인다.
2 남은 스무디를 컵에 마저 따르고 또 한
번 라즈베리를 컵 안쪽에 붙인다. 그 위에
그래놀라, 호두, 라즈베리를 올린 후 메이
플 시럽을 두른다.

비만 예방과 미용에 좋고 오메가3 지방산이
풍부한 호두를 토핑으로 사용해 식감에 포인
트를 주었다.

라즈베리와 요거트 스무디

INGREDIENTS

■ 위층
라즈베리(냉동) … 70g
바나나 … 30g
우유 … 50ml
얼음 … 100g
꿀 … 적당량

■ 아래층
요거트 … 적당량

■ 토핑
휘핑크림, 라즈베리 … 적당량

HOW TO

요거트를 먼저 컵에 따른다. 위층의 재료를 믹서에 갈아서 컵에 따르고 빨대로 가볍게 저어서 마블링 모양을 만든 후 토핑을 올린다.

라즈베리 맛이 강하게 느껴지는 새콤달콤 스무디. 휘핑크림이 라즈베리의 산미를 감싸서 부드러운 맛을 내준다.

감&사과&레몬 스무디

INGREDIENTS
감(냉동) … 100g
사과(냉동) … 100g
물 … 100ml
레몬즙 … 1~2작은술
꿀 … 적당량

■ 토핑
레몬 … 적당량

HOW TO
토핑용 레몬을 얇게 슬라이스 하여 컵 위로 조금 삐져나오도록 안쪽에 붙인다. 스무디 재료는 모두 갈아서 컵에 따른다.

감을 넣어 묵진하고도 매끈한 식감의 스무디가 되었다. 한번 마시면 독특한 식감에 마구 빠져들 것이다. 비타민C도 듬뿍 들어 있다.

나가노 퍼플 스무디

INGREDIENTS

■ 위층
요거트 … 적당량

■ 아래층
포도(냉동) … 100g
얼음 … 100g
요거트 … 50g

■ 토핑
포도 … 적당량

HOW TO

토핑용 포도는 얇게 슬라이스 하여 컵 안쪽에 붙인다. 아래층의 재료를 믹서에 갈아서 컵에 따르고 요거트를 올린다.

'나가노 퍼플'이라는 종류의 포도를 사용해보았다. 씨가 없고 껍질째 먹을 수 있어 스무디에 딱 좋은 포도이다.

라 프랑스와 딸기 스무디

INGREDIENTS

■ 위층
딸기(냉동) … 100g
연유 … 적당량
요거트 … 30g

■ 아래층
서양배(냉동) … 100g
물 … 50ml
얼음 … 50g
요거트 … 30g
꿀 … 적당량

HOW TO

스무디 재료를 층별로 믹서에 갈아서 아래부터 순서대로 컵에 따른다.

서양배 중에서도 향이 좋은 '라 프랑스'를 사용하였다. 서양배는 여러 과일과 잘 어우러져 부드러운 식감을 만들기에 좋다. 위층의 재료는 냉동 딸기를 조금 녹인 후 핸드 블렌더로 살짝 갈아서 씹는 맛이 남도록 했다.

파프리카와 크랜베리 스무디

INGREDIENTS

■ 흰색 층
요거트 … 적당량

■ 노란색 층
오렌지(냉동) … 50g
파프리카(냉동) … 30g
파인애플(냉동) … 50g
얼음 … 50g
물 … 50ml
요거트 … 30g
꿀 … 적당량

■ 빨간색 층
노란색 층 재료를 간 것의 1/2
크랜베리(냉동) … 30g
꿀 … 적당량

■ 토핑
귤 … 적당량

HOW TO

노란색 층의 재료를 믹서에 갈아 반을 덜어두고 크랜베리와 꿀을 더해 갈아서 빨간색 층을 만든다. 빨간색, 노란색, 흰색 순으로 컵에 따르고 토핑을 올린다.

라 프랑스와 자몽 스무디

INGREDIENTS

서양배(냉동) … 100g
자몽(냉동) … 50g
얼음 … 100g
요거트 … 50g
꿀 … 적당량
귤즙 … 1/2개분

■ 토핑
자몽 젤리, 귤 … 적당량

HOW TO

스무디 재료를 모두 믹서에 갈아서 컵에
따르고 토핑을 올린다.

자몽 젤리는 직접 만들어도 되고 시판 상품을
이용해도 된다. 구하기 어렵다면 그냥 자몽으
로 대체한다.

베리&당근&바나나 스무디

INGREDIENTS

크랜베리(냉동) … 30g
당근 … 30g
바나나 … 70g
딸기(냉동) … 30g
물 … 100ml
요거트 … 40g
꿀 … 적당량

■ 토핑
바나나, 레드커런트 … 적당량

HOW TO

토핑용 바나나를 얇게 슬라이스 하여 모양틀을 이용해 꽃 모양으로 잘라낸 후 컵 안쪽에 붙인다. 스무디 재료는 모두 믹서에 갈아 컵에 따른 후 레드커런트를 올린다.

새콤한 베리와 달콤한 바나나가 만나 술술 넘어가는 스무디. 당근 맛은 거의 느껴지지 않아 아이들도 먹기에 좋다.

WINTER

겨울 스무디를 생각하면
왠지 모르게 마음이 들뜬다.
즐거운 이벤트가 많은 계절이라서? 그런 이유도 있지만,
추운 계절이라서 더 만들고 싶어지는,
핫 스무디와 디저트 스무디.
조금은 색다른 조합으로 스무디를 즐겨볼
절호의 기회이기 때문인지도 모르겠다.

눈의 여왕 스무디

INGREDIENTS

자몽(냉동) ⋯ 50g
배(냉동) ⋯ 100g
요거트 ⋯ 70g
바나나(냉동) ⋯ 30g
얼음 ⋯ 70g

■ 토핑
블루큐라소 시럽(모닝제품), 색설탕(파
란색), 꿀, 배, 코코넛 파우더, 화이트
초콜릿(펜형) ⋯ 적당량

HOW TO

1 컵 가장자리에 꿀을 바르고 파란색 설탕
을 붙인다. 컵 바닥에 블루큐라소 시럽을
조금 넣는다.
2 스무디 재료는 모두 믹서에 갈아서 컵에
따르고 토핑을 올린다.

초콜릿 펜을 사용해서 눈 결정 모양을 만들었
다. 있으면 한층 보기 좋지만 만들기 어렵다면
생략해도 좋다.

로즈 애플 심플 스무디

INGREDIENTS

사과(냉동) … 150g
요거트 … 50g
우유 혹은 두유 … 100ml
■ 토핑
사과(얇게 슬라이스 한 후 전자레인지에
돌려 부드럽게 만든 것) … 적당량

HOW TO

스무디 재료는 모두 믹서에 갈아서 컵에
따른다. 토핑용 사과를 꽃 모양으로 겹쳐
가며 올린다.

스무디가 묽어져서 냉동실에 잠시 넣어두어
조금 단단하게 만들었다. 얼어서 사각거리면
색다른 맛이 난다.

화이트 초콜릿과 코코넛 베리 스무디

INGREDIENTS

라즈베리(냉동) … 50g
블랙베리(냉동) … 20g
바나나(냉동) … 70g
코코넛 밀크 … 50ml
우유 … 70ml
얼음 … 50g
화이트 초콜릿(펜형) … 2작은술
■ 토핑
화이트 초콜릿(펜형), 꿀, 색설탕, 휘핑
크림, 라즈베리 … 적당량

HOW TO

컵 안쪽에 초콜릿 펜으로 모양을 그리고
컵 가장자리에는 꿀을 발라 색설탕을 붙인
다. 스무디 재료는 모두 믹서에 갈아서 컵
에 따르고 휘핑크림과 라즈베리를 올린다.

코코넛 베리 스무디에 초콜릿 향이 희미하게
감돈다. 굳은 초콜릿은 스푼으로 사각사각 긁
어내어 먹는다.

레드 프루트 스무디

INGREDIENTS

라즈베리(냉동) … 20g
크랜베리(냉동) … 20g
딸기 … 20g
사과 … 100g
얼음 … 100g

■ 토핑
딸기 … 적당량

HOW TO

토핑용 딸기는 얇게 슬라이스 하여 컵 안쪽에 붙인다. 스무디 재료를 모두 믹서에 갈아 컵에 따른다.

크랜베리는 그냥 먹으면 조금 쓴맛이 나지만 스무디에 넣으면 쓴맛이 싹 사라진다. 강렬한 레드로 연출한 시크한 분위기의 스무디.

블루베리&사과&서양배 스무디

INGREDIENTS

■ 흰색 층
사과(냉동) ⋯ 70g
서양배(냉동) ⋯ 70g
요거트 ⋯ 30g
얼음 ⋯ 30g
물 ⋯ 50ml

■ 보라색 층
블루베리(냉동) ⋯ 50g
꿀 ⋯ 적당량
물 ⋯ 약간

■ 토핑
요거트, 블루베리 ⋯ 적당량

HOW TO

스무디 재료는 층별로 믹서에 갈고 보라색, 흰색 순으로 컵에 따른다. 빨대로 가볍게 저어 마블링 모양을 만들어주고 토핑을 올린다.

진보라색 마블링이 열정적으로 느껴진다. 목욕 후 몸이 나른할 때 생각나는 스무디.

크랜베리와 사과 스무디

INGREDIENTS

크랜베리(냉동) ⋯ 30g
바나나(냉동) ⋯ 70g
사과 ⋯ 70g
물 ⋯ 50ml
얼음 ⋯ 30g
요거트 ⋯ 100g

■ 토핑
사과 ⋯ 적당량

HOW TO

스무디 재료를 한꺼번에 믹서에 갈아 컵에 따르고 토핑을 올린다.

핑크 컬러에 빨간색 알갱이가 매치된 색감이 매력적이다. 일부러 사과 껍질을 깎지 않고 사용했다.

초코 바나나 스무디

INGREDIENTS

바나나(냉동) ⋯ 70g
우유 ⋯ 100ml
얼음 ⋯ 50g
초콜릿 소스 (누텔라 제품) ⋯ 1큰술
■ 토핑
바나나, 그래놀라, 휘핑크림,
아몬드 슬라이스 ⋯ 적당량

HOW TO

토핑용 바나나는 얇게 슬라이스 하여 컵 안쪽에 붙이고 스무디 재료는 믹서에 갈아서 컵에 따른다. 그 위에 그래놀라, 휘핑크림, 아몬드 슬라이스를 얹는다.

빵에 발라먹는 것이 정석인 누텔라를 스무디에 활용해보았다. 너츠류의 식감과 풍부한 풍미가 바나나와 잘 어울리는 스무디.

양송이와 잎새버섯 핫 스무디

INGREDIENTS

양송이 … 50g
잎새버섯 … 50g
양파 … 30g
감자 … 30g
우유 … 150ml
부용 큐브* … 1/2~1개
소금, 후추 … 적당량

■ 토핑
구운 잎새버섯, 브로콜리 새싹, 아마
씨유, 우유 거품(가정용 밀크 포머를
사용해 거품을 만든다) … 적당량

HOW TO

1 양송이, 잎새버섯, 양파, 감자를 프라이
팬에서 볶다가 소량의 물을 넣어 부드럽게
만들어준다. 수분이 다 날아갈 즈음 우유
와 부용 큐브를 넣고 데운다.
2 준비한 재료를 믹서에 갈고 후추·소금으
로 간을 한다. 컵에 따른 후 토핑을 올린다.

버섯의 감칠맛이 풍부한 스무디. 겨울이 되면
이런 따뜻한 스무디가 생각난다.

* bouillon cube : 육수를 응축시켜 정사
각형으로 자른 것.

베리&사과 크리스마스 그린 스무디

INGREDIENTS

어린 시금치 … 20g
바나나(냉동) … 100g
사과 … 30g
아보카도(냉동) … 20g
우유 또는 두유 … 70ml
얼음 … 70g

■ 토핑
꿀, 코코넛 파우더, 딸기, 라즈베리,
코코넛 플레이크 … 적당량

HOW TO

토핑용 딸기를 얇게 슬라이스 하여 컵 안쪽에 붙인다. 컵 가장자리에 꿀을 발라 코코넛 파우더를 붙여준다. 스무디 재료는 한꺼번에 믹서에 갈아서 컵에 따르고 라즈베리와 코코넛 플레이크를 올린다.

크리스마스 컬러의 스무디. 그린 스무디의 약간 쓴맛이 거슬린다면 차갑게 해서 먹는 것이 좋다.

망고&바나나&베리 스무디

INGREDIENTS

망고(냉동) … 50g
바나나(냉동) … 100g
요거트 … 50g
두유 또는 우유 … 100ml
코코넛 오일 … 적당량

■ 토핑
베리소스, 라즈베리 … 적당량

HOW TO

베리소스로 컵 안쪽에 그림을 그리듯 바른다. 스무디 재료는 모두 믹서에 갈아 컵에 따르고 라즈베리를 얹는다.

겨울에도 가끔은 이렇게 짙은 맛의 스무디가 생각난다. 베리의 산미가 달콤함을 더욱 북돋워준다.

베리와 서양배의 2색 스무디

INGREDIENTS

■ 위층
라즈베리 … 30g
서양배(냉동) … 50g
얼음 … 50g
요거트 … 30g
꿀 … 적당량

■ 아래층
블랙베리(냉동) … 30g
서양배(냉동) … 50g
얼음 … 50g
요거트 … 30g
꿀 … 적당량

■ 토핑
코코넛 파우더, 코코넛 플레이크, 라즈베리,
블랙베리, 꿀 … 적당량

HOW TO

컵 가장자리에 꿀을 바르고 코코넛 파우
더를 붙여준다. 스무디 재료는 층별로 믹
서에 갈아서 순서대로 따라주고 토핑을 올
린다.

서양배와 바나나 쇼트케이크 스무디

INGREDIENTS

서양배(냉동) … 100g
바나나(냉동) … 50g
요거트 … 50g
얼음 … 50g
물 … 50ml

■ 토핑
딸기, 민트 잎 … 적당량

HOW TO

토핑용 딸기는 얇게 슬라이스 하여 컵 안쪽에 붙인다. 스무디 재료를 모두 믹서에 갈아 컵에 따르고 토핑을 올린다.

크리스마스를 위한 쇼트케이크 느낌의 스무디를 만들어보았다.

딸기와 바나나 핫 스무디

INGREDIENTS

■ 위층
우유 ··· 200ml

■ 아래층
딸기 ··· 50g
바나나 ··· 50g

■ 토핑
딸기 ··· 적당량

HOW TO

토핑용 딸기는 얇게 슬라이스 하여 컵 안쪽에 붙인다. 아래층 재료를 믹서에 갈아 컵에 따르고, 우유를 데워서 밀크 포머로 거품을 낸 다음 컵에 따른다.

폭신폭신한 거품을 스푼으로 저어가며 마시는 핫 스무디. 따뜻한 우유와 만나면 재료의 단맛이 더욱 살아난다.

금귤&감&사과 스무디

INGREDIENTS

감(냉동) … 50g
사과(냉동) … 100g
금귤 조림 … 30g
물 … 150ml

■ 토핑
금귤, 요거트, 사과 … 적당량

HOW TO

토핑용 금귤을 얇게 슬라이스 하여 컵 안쪽에 붙인다. 스무디 재료는 모두 갈아서 컵에 따르고 토핑을 올린다.

금귤은 껍질째 먹으므로 겨울에도 비타민을 많이 섭취할 수 있게 해주는 고마운 과일이다. 생으로 먹으면 조금 쓴맛이 있으므로 거슬리는 사람은 토핑용도 금귤 조림을 사용하자.

유자 밀크 스무디

INGREDIENTS

유자잼 또는 유자차 … 1큰술
우유 얼음(우유를 얼음틀에 넣어서 얼린
것) … 250g
물 … 50ml

■ 토핑
민트 잎, 유자잼 또는 유자차
… 적당량

HOW TO

스무디 재료를 모두 믹서에 갈아 컵에 따
르고 토핑을 올린다.

유자잼은 유자 껍질을 설탕에 조려 만들었다.
간편하게 시판되는 유자차를 사용해도 좋다.

자색 양배추 핫 스무디

INGREDIENTS

자색 양배추 … 50g
감자 … 50g
양파 … 50g
우유 … 150ml
부용 퀴브 … 1/2~1개
■ 토핑
자색 양배추(채를 썰어 레몬즙을 살짝
첨가해 전자레인지에 돌린 후 소금과 후
추를 뿌린다), 딜(허브의 일종), 아마씨
유 … 적당량

HOW TO

1 자색 양배추, 감자, 양파는 얇게 채를 썰
어 프라이팬에 볶는다. 나긋나긋해지면 물
과 부용 퀴브를 넣고 더 끓인다.
2 수분이 날아간 후 우유를 더해서 한 번
더 데우고 열을 식힌다. 식은 재료는 믹서
에 넣어 갈고 컵에 따른 후 토핑을 올린다.

소금, 후추를 취향대로 가미한다. 레몬즙을 조
금 넣으면 발색이 선명해진다.

캐러멜 커피 스무디

INGREDIENTS

우유 … 100ml
얼음 … 150g
바닐라 아이스크림 … 50g
캐러멜 소스 … 적당량
커피 … 1작은술

■ 토핑
색설탕, 꿀, 휘핑크림, 캐러멜 소스
… 적당량

HOW TO

컵 가장자리에 꿀을 바르고 색설탕을 붙인
다. 스무디 재료는 한꺼번에 믹서에 갈아
컵에 따른다. 휘핑크림, 캐러멜 소스를 뿌
린다.

'휴우~'하고 한숨 돌리고 싶을 때 딱 좋은 스
무디. 색설탕으로 멋을 내서 조금 사치스러운
기분을 느껴보자. 캐러멜 소스로 취향에 따라
단맛을 조절할 수 있다.

유자와 감귤 스무디

INGREDIENTS

귤(반냉동) ··· 100g
사과(냉동) ··· 100g
얼음 ··· 100g
유자즙 ··· 1~2작은술

■ 토핑
요거트, 석류, 유자, 민트 잎
··· 적당량

HOW TO

스무디 재료를 모두 믹서에 갈고 컵에 따른 후 토핑을 올린다.

석류의 뽀득뽀득한 식감이 기분 좋은 스무디. 유자 향이 입 안 가득 퍼진다.

스튜벤과 레드 피타야 요거트 스무디

INGREDIENTS

■ 보라색 층
포도(냉동) … 50g
바나나 … 50g
레드 피타야(냉동) … 15g
요거트 … 100g
얼음 … 100g
레몬즙 … 1작은술
꿀 … 적당량

■ 흰색 층
요거트 … 적당량

■ 토핑
포도, 레몬 … 적당량

HOW TO

보라색 층의 재료를 믹서에 갈고 흰색 층의 요거트와 교차로 컵에 따른 후 토핑을 올린다.

포도 중에서도 당도가 높은 '스튜벤'을 사용했다. 씨가 거슬린다면 냉동 전에 씨를 빼내는 게 좋다.

파인애플&귤&블루베리 스무디

INGREDIENTS

■ 위층
파인애플(냉동) … 50g
귤(냉동) … 30g
요거트 … 2큰술
두유 … 50ml
꿀 … 적당량

■ 아래층
파인애플(냉동) … 50g
블루베리(냉동) … 30g
요거트 … 2큰술
두유 … 50ml
꿀 … 적당량

■ 토핑
키위 … 적당량

HOW TO

키위를 얇게 슬라이스 하여 컵 안쪽에 붙인다. 스무디 재료는 층별로 믹서에 갈고 아래부터 순서대로 컵에 따른다.

달달함에 산뜻한 맛이 어우러진 스무디. 냉동이 아닌 생귤도 OK. 껍질을 까고 2~3개씩 나누어 얼려두면 쓰기 편하다.

스타프루트&딸기&사과 스무디

INGREDIENTS

스타프루트 … 30g
딸기(냉동) … 100g
사과(냉동) … 30g
바나나(냉동) … 50g
얼음 … 150g
꿀 … 적당량

■ 토핑
스타프루트, 민트 잎 … 적당량

HOW TO

토핑용 스타프루트를 얇게 슬라이스 하여 컵 안쪽에 붙인다. 스무디 재료는 모두 믹서에 갈아 컵에 따르고 토핑을 올린다.

맛은 연하지만 수분이 많아서 열대의 분위기가 물씬 나는 스타프루트. 충분히 완숙시킨 후 먹는 것이 좋다.

사과와 캐러멜 스무디

INGREDIENTS

사과(냉동) ··· 150g
두유 ··· 100ml
얼음 ··· 50g
■ 토핑
캐러멜 소스, 시나몬 파우더,
시나몬 스틱, 휘핑크림 ··· 적당량

HOW TO

컵 안쪽에 캐러멜 소스를 바른다. 스무디
재료는 모두 믹서에 갈아서 컵에 따르고
시나몬 스틱과 휘핑크림을 올린 후 시나몬
파우더를 뿌린다.

캐러멜 소스가 들어가면 한층 진한 맛의 디저
트가 된다. 시나몬 향이 단맛을 조절해준다.

금귤과 라임 핫 드링크

INGREDIENTS

금귤 조림 ⋯ 적당량
생강 ⋯ 약간
라임 ⋯ 적당량
사과 주스 ⋯ 300ml

HOW TO

설탕이나 조청에 조린 금귤, 생강, 슬라이
스 한 라임을 컵에 넣고 사과 주스를 데워
서 따른다.

금귤 조림은 설탕과 물로 보글보글 끓여서 만
들었다. 생강을 넣으면 톡 쏘는 매운맛이 더해
져 성인 취향의 드링크가 완성된다.

발렌타인 스무디

INGREDIENTS

■ 위층
딸기(냉동) … 30g
우유 … 50ml
얼음 … 50g
아가베 시럽 … 적당량

■ 아래층
바나나(냉동) … 50g
우유 … 50ml
얼음 … 50g
코코아 파우더 … 1작은술

■ 토핑
딸기, 바나나, 코코아 파우더 … 적당량

HOW TO

토핑용 딸기를 얇게 슬라이스 하여 컵 안 쪽에 붙인다. 스무디 재료는 층별로 믹서에 갈아서 아래부터 순서대로 컵에 따른다. 바나나를 올리고 코코아 파우더를 뿌려 완성.

심플 크리미 그린 스무디

INGREDIENTS

바나나(냉동) … 100g
두유 … 180ml
시금치 … 20~40g
코코넛 오일 … 적당량
요거트 … 1큰술

■ 토핑
바나나, 꿀, 코코넛 파우더 … 적당량

HOW TO

1 토핑용 바나나를 얇게 잘라 동그랗게 늘어놓은 후 모양틀로 찍어내고 그 모양을 유지하며 컵 안에 붙인다. 컵 가장자리에 꿀을 바르고 코코넛 파우더를 붙인다.
2 스무디 재료를 모두 믹서에 갈아서 컵에 따르고 바나나를 컵에 꽂아 장식한다.

달콤하게 만들어본 그린 스무디의 기본 레시피. 코코넛 오일 덕에 스무디가 향긋해졌다.

TECHNIQUES 토핑과 데커레이션 테크닉

TECHNIQUE 1 층 만들기

깔끔한 층을 만들기 위해서는 스무디를 약간 걸쭉하게 만드는 것이 비결이다. 바탕이 되는 아래층일수록 더 단단한 것이 좋으므로 재료를 얼려서 쓰고, 얼음 양을 늘리거나 믹서에 간 후 잠시 냉동실에 넣어두어 경도를 조절하는 방법도 있다. 바나나와 아보카도 등 끈적거리는 소재는 아래쪽에 두고, 당도가 높을수록 아래로 가라앉으므로 아래층을 더 달게 만드는 것이 포인트이다. 이런 방법을 잘 조합하면 보다 안정적인 층을 만들 수 있다.

1 스무디 재료를 색깔별로 믹서에 간다. 아래층 스무디부터 따라준다.
2 중간층의 스무디를 컵 가장자리부터 천천히 따른다.
3 위층의 스무디를 따른다. 스푼으로 떠서 살며시 얹으면 더 깔끔하다.

POINT
층 만들기가 어렵다면 맨 아래층 재료를 컵에 따른 후 다음 재료를 가는 동안 컵째로 냉동실에 넣어두어 표면이 살짝 얼게 하는 것도 좋다.

■ 사선 층 만들기

컵을 기울인 채 스무디를 따른다. 컵을 기울인 상태를 계속 유지하는 것이 포인트. 위층의 스무디는 스푼으로 가장자리부터 살짝 얹듯이 담는다. 80% 정도 담겼을 때 천천히 컵을 똑바로 세워가며 위층의 스무디를 마저 담아 균형을 맞춘다.

TECHNIQUE 2 마블링 만들기

층 만들기보다 간단한 초보자용 데커레이션! 주요 포인트는 두 가지 중 하나, 또는 둘 다
걸쭉하게 만드는 것. 물이 많은 층끼리는 금세 경계가 사라져버리기 때문이다. 2색 마블링
에 성공했다면 요거트나 소스 등을 사용하여 3색 마블링도 자유롭게 만들어보자.

1

스무디 재료를 색깔별로 믹서에 갈고 아래층 스무디부터
컵에 따른다.

2

위층의 스무디를 약간은 거칠게 컵에 따른다. 이것만으로
마블링이 많이 생기지 않으면 스푼으로 가볍게 저어준다.

조금씩 섞어가며 마시면 색과 맛에 변화가 생겨 한층 재
미있게 마실 수 있다.

TECHNIQUE 3 과일로 꾸미기

얇게 슬라이스 한 과일을 컵 안쪽에 붙이면 완성! 같은 과일도 늘어놓는 위치나 각도에 따라 느낌이 달라진다. 컵의 한중간에 붙여두고 그곳을 경계로 스무디의 색을 바꾸는 것이 나의 단골 데커레이션이다.

준비물. 컵 안쪽에 울퉁불퉁한 면이 없이 매끈한 컵을 준비하고 물기를 깨끗이 닦아 둔다.

1 토핑용 소재를 얇게 슬라이스 하여 컵 안쪽에 찰싹 붙인다. 수분이 많은 소재는 절단면을 키친타올로 살짝 닦아서 수분을 최대한 제거하는 것이 좋다.
2 스무디를 따른다.
3 층이 있는 스무디의 경우 위층의 스무디를 마저 따르되 천천히 스푼으로 얹듯이 담으면 토핑이 잘 움직이지 않는다.

POINT

딸기, 바나나 등 얇게 슬라이스 하기 쉽고 절단면이 평평한 과일이 토핑용으로 좋다. 꽃 모양, 물방울무늬 등 각자 취향대로 디자인해보자. 과일 본래의 형태를 살리면 한층 귀엽게 보인다.

POINT

스노우 스타일(p.119)과 조합할 때는 컵 안쪽
에 붙이는 토핑을 먼저 한다.

■ 모양틀 활용하기

　　쿠키용 모양틀을 사용해 과일을 찍어낸 후 그 모양대로 컵 안쪽에 붙이면 꽃이나
하트 같은 디자인 스무디를 만들 수 있다.

좋아하는 모양틀을 적극적으로 활용해보자.

TECHNIQUE 4 소스로 꾸미기

멋진 무늬와 독특한 맛을 함께 만들어주는 소스. 캐러멜 소스, 초콜릿 소스 등 짙은 색으로 그림을 그리면 스무디 전체의 인상이 개성 있게 마무리된다.

컵 안쪽에 소스를 바른다.

스무디를 따른다.

■ 초콜릿 펜 사용하기

소스 대신 초콜릿 펜을 준비하면 컵에 더 세밀한 그림을 그릴 수 있다. 다만 차가운 스무디와 만나면 초콜릿이 딱딱하게 굳어버리므로 맛의 변화보다는 순수한 데커레이션으로 활용해야 한다.

TECHNIQUE 5 스노우 스타일

컵 가장자리를 꾸미는 테크닉. 칵테일에서 자주 볼 수 있는 스노우 스타일에서 힌트를 얻었다. 컵 안쪽에도 과일 데코를 하려면 컵 안쪽부터 장식하고 난 후 스무디를 따르기 직전에 가장자리를 꾸미는 것이 더 깔끔하다.

1

컵 가장자리에 꿀을 바른다.

2

색설탕이나 제과용 프루트 플레이크, 코코넛 등을 접시에 늘어놓고 컵 가장자리에 붙여간다.

3

여분의 토핑을 털어내어 깨끗하게 정리한다.

4

스무디를 따를 때는 가장자리 토핑에 닿지 않도록 천천히 스푼으로 퍼담는다.

TECHNIQUE 6 핫 스무디

겨울 아침 따뜻한 한 잔이 생각날 때 딱 어울리는 핫 스무디. 사과, 딸기, 오렌지, 감, 바나나
등을 전자레인지로 조금 데운 후 믹서에 간다. 거기에 따끈한 우유나 물을 부어 섞어준다.
익힌 채소를 믹서에 갈고 우유 거품을 토핑하면 수프 스타일의 스무디로도 즐길 수 있다.

TECHNIQUE 7 그 외의 스무디

■ 떠먹는 스무디

그래놀라나 시리얼의 양을 늘려서 토핑으로 사용하면 떠먹는 스무디가 완성된다. 여기에
과일을 추가하여 아사이 보울*풍으로 만들면 포만감이 배가된다.

* Acai Bowl : 아사이베리를 비롯한 각종 과일과 곡물을 넣어 만든 하와이식 디저트.

■ 슈퍼푸드 스무디

치아시드, 마키베리 파우더, 아사이베리, 피타야, 석류 등 미용과 건강 모두에
좋은 슈퍼푸드를 스무디의 색감 연출이나 토핑 등에 적극적으로 활용해보자.

■ 디저트 스무디

나에게 주는 작은 선물. 달콤한 디저트 스무디는 편안한 휴식시간에 만들고
싶어진다. 매일 마시는 스무디에도 디저트 스무디 느낌을 조합해보면 맛의
조합이 다양해져서 질리지 않는다. 생크림이나 아이스크림 등을 토핑으로 올
려 보기에도 좋고 맛도 좋은 파르페나 케이크 스타일로도 만들어보자.

MAI'S KITCHEN

FRUITS & VEGETABLES

집에 과일과 채소가 늘 있다고 생각하면 일상이 조금 더 풍요로워지는 듯하다. 단골 소재를 냉동실에 잘 저장해두면 스무디 만들기도 훨씬 쉬워진다.

수분이 많은 제철 재료는 얼리지 않은 생것으로 그 맛을 즐긴다. 일부는 얼려서 보관해두었다가 다른 계절에 사용하면 지난 계절의 여운을 느낄 수 있다.

단골 재료

- 키위
- 파인애플
- 오렌지
- 바나나
- 딸기
- 사과
- 라즈베리
- 시금치

GOODS

1 BRAUN 멀티 퀵 핸드 블렌더 MQ500
2 TESCOM 주스 믹서 TM840
블렌더와 믹서는 소재의 크기나 양에 따라 알맞게 사용한다.

3 나무 도마
4 나무 스푼
도마와 스푼은 둘 다 일반 잡화점에서 구입했다.

5 흰색 디저트 플레이트
소재를 올려놓은 접시는 인터넷 쇼핑몰에서 발견한 피자 플레이트.

6 글라스(약 300ml) (ZARA HOME)
ZARA HOME에서 한눈에 반한 유리컵. 손에 착 감기는 느낌은 물론 컵 안쪽의 커브도 완만해서 토핑을 붙이기가 딱 좋다.

7 빨대
인터넷 쇼핑몰에서 귀여운 빨대를 발견하면 나도 모르게 사들여서 컬렉션이 되었다.

FROZEN STORAGE

소재를 얼리는 것은 보관을 편하게 할 뿐만 아니라 스무디 특유의 식감을
내기 위해 꼭 필요한 과정이다. 같은 과일인데 생것과 냉동의 맛이 다름을
발견할 때가 있다. 이러한 시행착오도 스무디를 만드는 즐거움 중 하나이다.

필요에 따라 껍질을 벗겨서 적당한 크기
로 자른다. 너무 크면 믹서에 잘 갈리지
않는다.

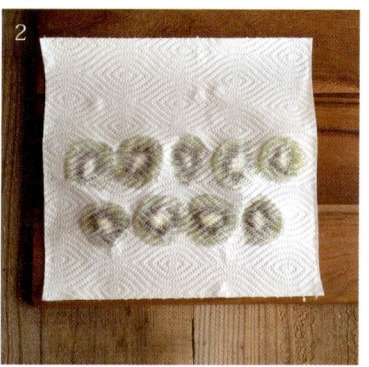

키친타올로 가볍게 표면의 물기를 제거한다.

지퍼백 등 밀폐 봉투에 넣어 공기를 최대
한 빼 입구를 닫는다. 과일이 서로 겹치면
얼면서 붙어버리므로 적당히 간격을 둔다.

2~3시간 냉동실에 넣어두면 완성. 밀폐
한 채로 냉동실에서 약 1개월간 보관할
수 있다.

POINT

바나나와 사과처럼 변색이 걱정되는 과일은 1~2 과
정 사이에 레몬즙을 조금 뿌려 몇 분간 두면 어느 정
도 변색을 막을 수 있다.
오렌지나 귤의 속껍질은 믹서에 갈아버리면 거의 느
껴지지 않으므로 속껍질째로 얼리면 된다.

POINT

대량 저장할 경우에는 평평한 용기에 간격을 두고 늘
어놓은 후 랩을 덮어 냉동실에서 얼린다. 완전히 언
다음 지퍼백에 옮겨 담아 냉동 보관한다.

나·오·며

수많은 책 가운데 이 책을 골라주신 독자 여러분, 고맙습니다.

인스타그램에 매일 일기처럼 업로드했던 스무디!

시작은 나 자신을 위해 꾸준히 만들어보자는 마음이었습니다. 그 매일이 이어지는 동안 '좋아요!'나 댓글 등 여러분의 반응이 기뻐서 더 열심히 올리게 되었네요.

지금은 저뿐만 아니라 함께하는 여러분에게 스무디의 즐거움을 조금이라도 더 전해 드리고 싶어 열심히 업로드를 이어가고 있습니다. 그리고 이번에 이렇게 책이라는 형태로 표현할 기회를 얻어 인스타그램을 통해 만나던 분들 뿐만 아니라 더 많은 분들과 이 즐거움을 공유할 수 있게 되었습니다.

여러 시행착오를 겪어가며 열심히 만들어본 스무디! 그 즐거움과 편안한 시간을 여러분과 함께 느낄 수 있다면 정말 기쁘겠습니다. 앞으로도 나를 행복하게 하고 여러분을 즐겁게 하는 스무디를 계속해서 만들고 알려가겠습니다.

끝으로 출판의 기회를 주신 고분샤의 편집자 기타가와 씨, 디자이너 도쿠요시 씨, 모리 씨, 다지마 씨에게 이 자리를 빌려 깊은 감사를 전합니다. 고맙습니다.

표지의 스무디

딸기와 라즈베리와 사과 스무디

INGREDIENTS

■ 위층
요거트 … 적당량

■ 아래층
딸기 … 20g
라즈베리(냉동) … 20g
사과 … 100g
얼음 … 100g
꿀 … 적당량

■ 토핑
딸기, 민트 잎, 라즈베리 … 적당량

HOW TO

1 토핑용 딸기는 얇게 슬라이스 하여 컵 안쪽에 붙인다. 아래층의 스무디 재료를 모두 믹서에 갈아서 컵에 따른다.
2 그 위에 요거트를 올리고 라즈베리와 민트 잎을 얹어 장식한다.

차가운 셔벗 스타일 스무디. 아마오우 딸기*를 사용하면 한층 호화로운 기분이 된다.

* 일본 후쿠오카에서 개량된 딸기. 붉다(아카이), 둥글다(마루이), 크다(오오키이), 맛있다(우마이) 라는 뜻의 앞글자를 따서 '아마오우'라고 명명되었으며 그 크기가 일반 딸기의 열 배에 달하는 것도 있다 한다.

INDEX

it's MAI SMOOTHIE
101가지 스무디와 함께하는 일상의 작은 행복

초판 1쇄 발행 ㅣ 2015년 7월 27일
초판 2쇄 발행 ㅣ 2015년 8월 12일
지은이 ㅣ 기타무라 마이
옮긴이 ㅣ 이소영
펴낸곳 ㅣ 윌스타일
펴낸이 ㅣ 김화수
출판등록 ㅣ 제300-2011-71호 (2011년 4월 19일)
주소 ㅣ (110-872) 서울시 종로구 사직로8길 34, 1203호
전화 ㅣ 02-725-9597
팩스 ㅣ 02-725-0312
이메일 ㅣ willcompany@nate.com
ISBN ㅣ 979-11-85676-19-7   13590

* 윌스타일(WILLSTYLE)은 윌컴퍼니(WILLCOMPANY)의 취미·실용 전문 브랜드입니다.
* 잘못된 책은 구입하신 곳에서 바꿔드립니다.
* 책값은 뒤표지에 있습니다.

이 도서의 국립중앙도서관 출판예정도서목록(CIP)은 서지정보유통지원시스템 홈페이
지(http://seoji.nl.go.kr)와 국가자료공동목록시스템(http://www.nl.go.kr/kolisnet)에
서 이용하실 수 있습니다.(CIP제어번호: CIP2015019251)